U0180377

去火星，要一起吗？

蔡峰◎编绘

傅煜铭 栗河冰◎主审

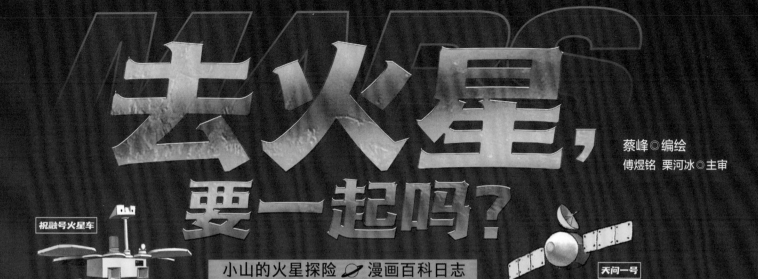

祝融号火星车

小山的火星探险 🪐 漫画百科日志

天问一号

电子工业出版社·

Publishing House of Electronics Industry

北京·BEIJING

未经许可，不得以任何方式复制或抄袭本书之部分或全部内容。

版权所有，侵权必究。

图书在版编目（CIP）数据

去火星，要一起吗？ / 蔡峰编绘. -- 北京：电子工业出版社,2021.9
ISBN 978-7-121-41721-4

Ⅰ.①去… Ⅱ.①蔡… Ⅲ.①火星 - 少儿读物 Ⅳ.①P185.3-49

中国版本图书馆CIP数据核字（2021）第153738号

责任编辑：季　萌
印　　刷：北京尚唐印刷包装有限公司
装　　订：北京尚唐印刷包装有限公司
出版发行：电子工业出版社
　　　　　北京市海淀区万寿路173信箱　邮编：100036
开　　本：889×1194　1/16　印张：6.5　字数：37.8千字
版　　次：2021年10月第1版
印　　次：2021年10月第1次印刷
定　　价：128.00元

凡所购买电子工业出版社图书有缺损问题，请向购买书店调换。若书店售缺，请与本社发行
部联系，联系及邮购电话：（010）88254888，88258888。
质量投诉请发邮件至zlts@phei.com.cn，盗版侵权举报请发邮件至dbqq@phei.com.cn。
本书咨询联系方式：（010）88254161转1860，jimeng@phei.com.cn。

序

火星是地球的近邻，它到太阳的距离适中，是太阳系八大行星中除地球外最有可能支持生命存在的地方。古时候的人们对火星这个红色星球有着许多想象，而当望远镜发明之后，人们开始好奇火星上的奇特地貌究竟是如何形成的，甚至猜测是否存在"火星人"。

火星上到底有没有生命？火星能否成为人类的新家园？要回答关于火星的这些问题，就需要对它开展近距离乃至实地探索。

从1960年到2021年，人类已经开展了几十次火星探测任务，这些探索活动不断更新着我们对于火星的认知。2021年，中国本次火星探测任务"天问一号"捷报频传，该任务通过一次发射，同时实现了火星环绕、着陆、巡视探测，激发了青少年对于天文学、行星与空间科学的无穷兴趣。

《去火星，要一起吗？》的出版恰逢其时，将新知蕴含于新颖的形式和生动有趣的语言中。在这册科普漫画中，太阳系的八大行星都具有了人格化的特征，其中火星更是凭借自身的实力成为了人类最为青睐的探索目的地。

火星究竟是如何脱颖而出的？赶快跟随探险家小山先生一同去火星寻找答案吧！

傅煜铭

北京大学天体物理学博士

2020.9.1

这是广袤无垠的宇宙……

在宇宙中，某个极其不起
眼的角落里……

有一个银河系……

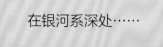

在银河系深处……

再再再深处……

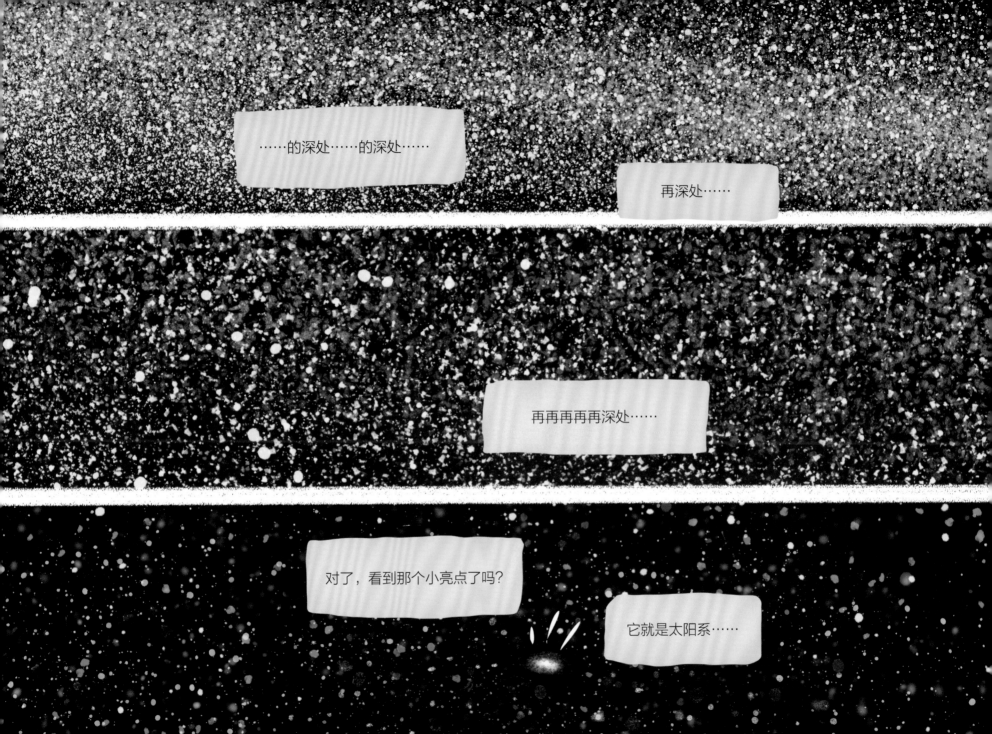

太阳系是一个靠太阳引力约
束在一起的天体系统。

围绕太阳运动的有八颗较大的行星，
被称为八大行星。它们分别是水星、
金星、地球、火星、木星、土星、天
王星和海王星。

小行星带

太阳

水星

金星

地球

火星

海王星

天王星

柯伊伯带

土星

木星

八大行星围绕太阳运行的轨道排序

木星

海王星

天王星

八大行星的体重差别很大，按照质量大小排序依次为：

第一：木星，质量：1.90×10^{27} 千克　　第五：地球，质量：5.965×10^{24} 千克

第二：土星，质量：5.6846×10^{26} 千克　　第六：金星，质量：4.869×10^{24} 千克

第三：海王星，质量：1.0247×10^{26} 千克　　第七：火星，质量：6.4219×10^{23} 千克

第四：天王星，质量：8.6810×10^{25} 千克　　第八：水星，质量：3.3022×10^{23} 千克

土星

地球　　金星　　火星　　水星

你们好，我叫小山，是一名探险家。首先，我想知道你们都是怎么长成现在这个样子的？

人类将这八大行星分为两类。木星、土星、天王星和海王星是一类，它们主要由氢、氦等气体构成，没有固体的表面，所以被称为"类木行星"或"气态巨行星"。

老鹰！老鹰！

该轮到我当一次小鸡宝宝了吧……

要不，你来当鸡妈妈吧，我要当老鹰。

老鹰快来抓小鸡呀！

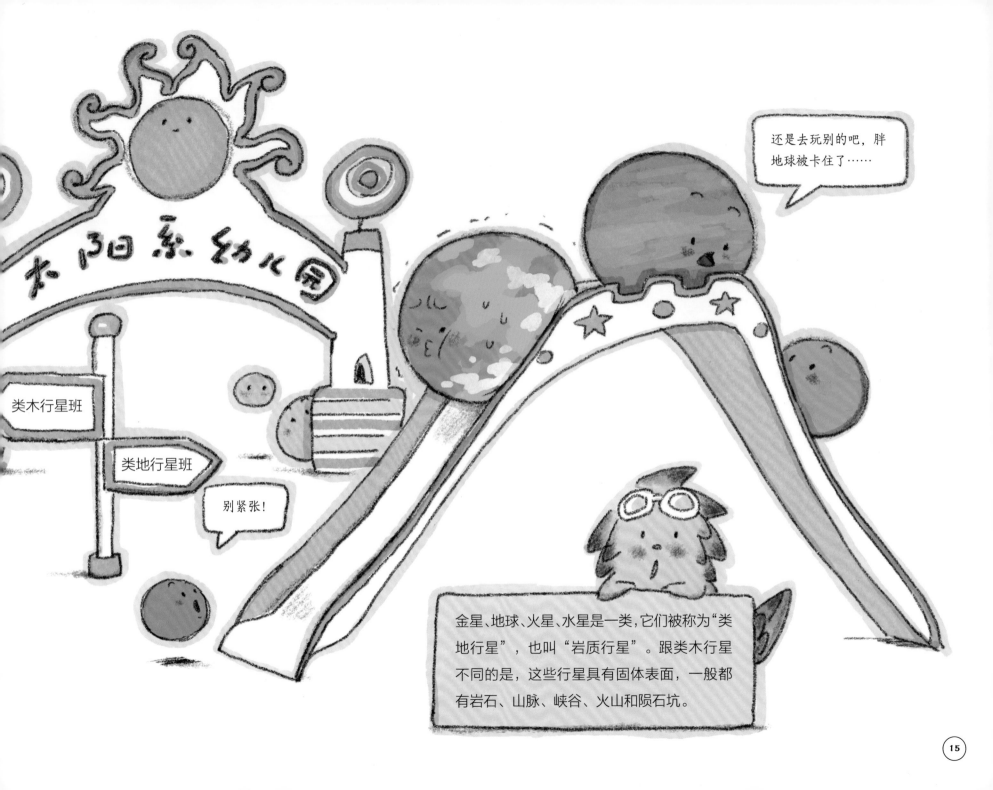

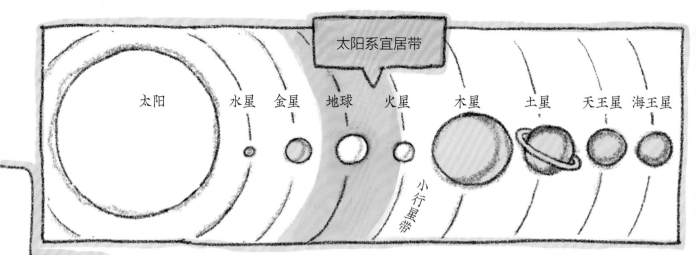

太阳系宜居带

太阳　水星　金星　地球　火星　木星　土星　天王星　海王星

小行星带

这位地球同学，大家应该非常熟悉，它是目前已知唯一存在生命的天体，在太阳系宜居带中，是人类居住的星球，也是我最热爱的家园。

地球表面71%的面积被水覆盖，包括海洋、湖泊、河流等，其余是陆地，包括大陆和岛屿。地球表面被气体圈层包围，这就是大气层，其主要成分按含量排序为：氮气、氧气、水蒸气、氩气、二氧化碳等。

旁边这位是地球的天然卫星——月球同学。

地球同学

月球同学

地球同学去卫生间了，现在我要从你们三个当中，选一个未来最有可能成为人类第二家园的行星。

小山先生，你看我……我行吗？

让我看看……金星同学，你表面的大气压是地球的 92 倍！哇……这相当于一个人身上背着约 50 吨重的东西，压都被压扁了……

还有……你空气中二氧化碳的含量高达 96%，使地表温度达到 460℃ 以上！

要知道，二氧化碳在地球的大气中仅占 0.04%，就为地球温室效应贡献了大约 20% 的力量。

小山贴士

大家知道，人类呼吸吸入的是氧气，排出的是二氧化碳。二氧化碳能吸收地面的热辐射，就像一个大棉被盖在半空中，使大气不断变暖，从而导致地球的平均气温越来越高，这就是温室效应。

稠密的大气层阻挡了几乎全部的太阳光，大气层下方一片昏暗，只有闪电和火山爆发时才能看到亮光。

频繁的火山爆发、下硫酸雨……还有许多超出人类想象的炼狱般的场景……

总之，从任何一个方面看，你都不适宜人类居住……很抱歉，金星同学。

而且，你离太阳太近了，正对太阳一面的温度可达400℃以上，比油炸薯条的油温（约300℃）还要高，背对太阳的一面却只有-170℃……几乎不可能孕育生命……

所以……水星同学也不可能被人类选中……

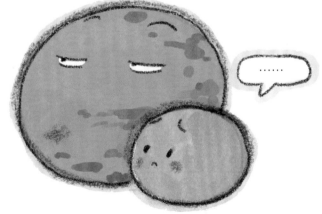

火星小档案

英文名：**Mars**

别名：**红色星球**

天文符号：♂

外貌：周身呈红色

体积：仅为地球的 15%

质量：仅为地球的 10.7%

大气成分：二氧化碳 95.3%、氮气 2.7%、氩气 1.6%、氧气 0.15% 和少量水蒸气

水资源：有水冰、液态水（2018 年在火星乌托邦平原西边地下深部发现大量液态水）

平均轨道速度：24.1 千米 / 秒

公转周期（一个火星年）：687 个地球日

自转周期（一个火星日）：24 小时 39 分

天然卫星数目：2 个

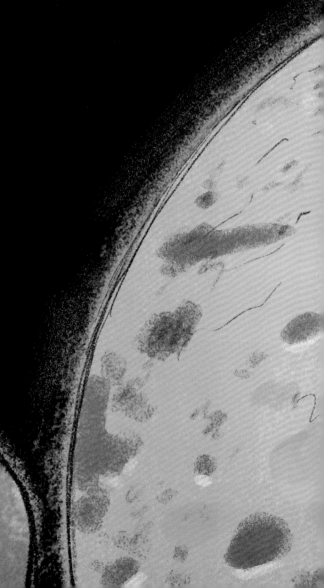

火星是离地球最近的行星，也是太阳系中第二小的行星（水星最小），体积仅为地球的 15%。

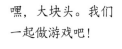

嘿，大块头。我们一起做游戏吧！

好啊，你喜欢玩什么？

从地球上观测，火星的运动轨迹有时往前、有时往后，颜色和亮度也变化不定。在古代，火星被称作"荧惑"，因为它的轨迹变化多端且难以预测。而火星轨迹的变化其实是由火星和地球的轨道周期和运行位置共同决定的。

躲猫猫！

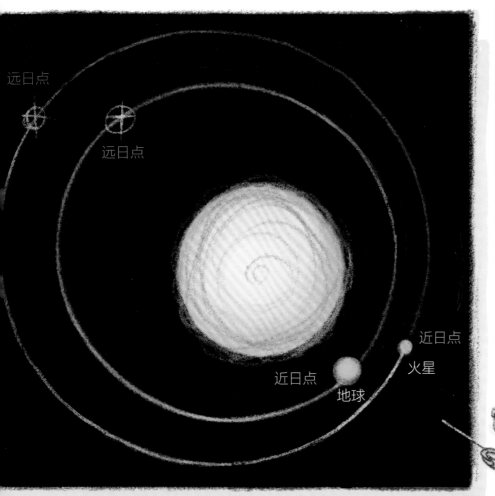

在万有引力的作用下，天体围绕中心天体（如太阳）运转时，距离中心天体越近，速度就越快，轨道周期也越短。太阳系行星中，轨道周期就是每个行星环绕太阳一圈所需要的时长。

公转最快的行星是离太阳最近的水星，它绕太阳一圈只要约88天。公转最慢的是巨大的海王星，它绕太阳一圈至少要60327天。地球和火星的周期介于水星和海王星之间，分别为365天和687天。

由于地球更靠近太阳，在万有引力的作用下，地球的运行速度要比火星快，火星在人类眼中就出现了神奇的"逆行"现象，这一过程会持续几个月。

火星与地球每隔约780天，就会在太阳系内会合一次。这个会合期对于人类探测火星的行动极为重要，在临近会合期之前的几个月被视为发射探测器的窗口期。

太阳系行星以椭圆形轨道绕太阳运转，相比地球接近圆形的轨道，火星轨道的离心率更大，火星公转时到太阳的最近距离（近日点）为2.065亿千米，到太阳的最远距离（远日点）为2.491亿千米。

由于火星周身呈现红色且有"逆行"现象，古代东方人视之为不祥之星。

火星为什么呈现的是红色，直到现代，人类发射了火星探测器，火星的神秘面纱才被揭开。

其实，火星呈红色是因为其表面物质主要是红色的氧化铁，其中的铁元素有可能是火星早期处于地质运动活跃期时，从内部带到表面的。在之后漫长的岁月里，铁与氧发生了化学反应，形成了氧化铁。在火星地质运动不活跃的时候，氧化铁则留在了火星表面。

火星大气层稀薄，有日照区域与无日照区域的温度和气压差距非常大，从而造成火星上的风速极强，平均风速是地球的数倍。火星表面没有任何植物，没有水源，更没有滋润的土壤。地表如同地球上贫瘠的沙漠，在陨石冲击和长期风蚀的影响下，火星上的沙土变得非常细密，在席卷全球的风暴作用下，红色的氧化铁粉末飞遍整个星球。

小山贴士

世界上第一台天文望远镜是如何诞生的？

1608 年，荷兰眼镜师汉斯·利伯希发现，将不同透镜组合后能看清远处的物体，于是他制作了第一台双筒望远镜。1609 年，意大利著名天文学家伽利略改进了汉斯的望远镜，成功制造出了世界上第一台天文望远镜。借助这台天文望远镜，他第一次清楚地看到了月球表面的样子。

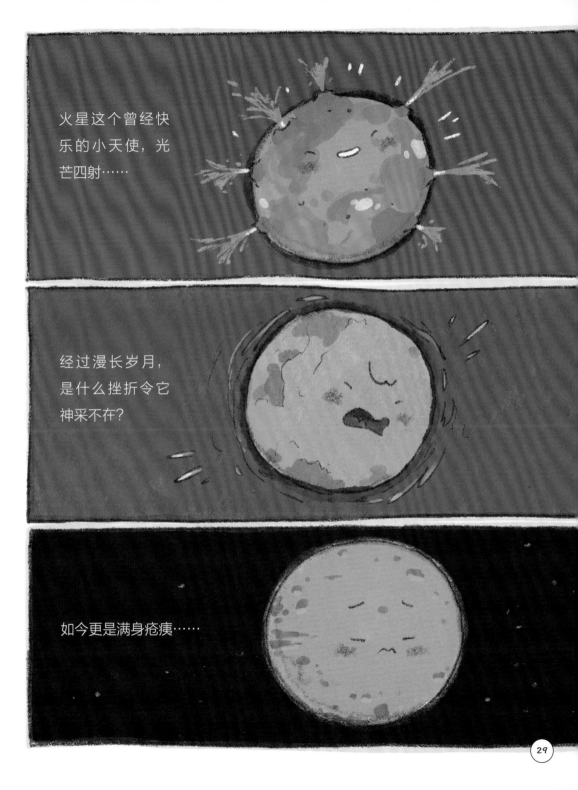

火星这个曾经快乐的小天使，光芒四射……

经过漫长岁月，是什么挫折令它神采不存？

如今更是满身疮痍……

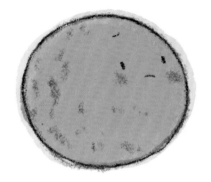

火星同学，你身上有和我一样的磁场吗？

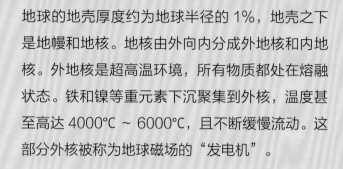

地球的地壳厚度约为地球半径的 1%，地壳之下是地幔和地核。地核由外向内分成外地核和内地核。外地核是超高温环境，所有物质都处在熔融状态。铁和镍等重元素下沉聚集到外核，温度甚至高达 4000℃ ~ 6000℃，且不断缓慢流动。这部分外核被称为地球磁场的"发电机"。

地核内的铁、镍等金属在高温下缓慢流动，产生磁场。磁场的巨大屏障保护着地球周边数万千米的范围，足以应对大部分太阳风和宇宙射线，保护着地球上的生物。

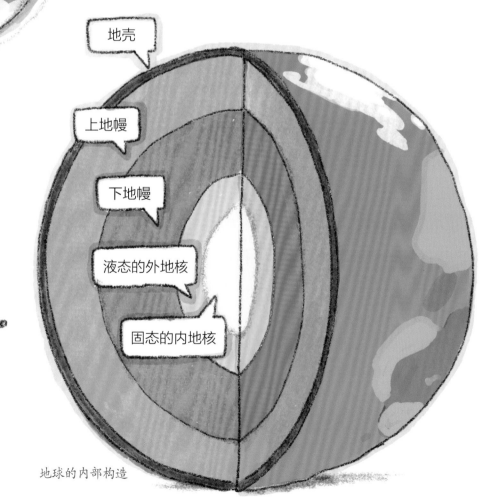

地壳

上地幔

下地幔

液态的外地核

固态的内地核

地球的内部构造

你看，我的"发电机"还有电量！

我的……已经没电了……

类地行星中，由于星体半径较小，内核及其存储的热量也会较少。随着地核内部的高温逐渐散去，"发电机"与磁场也会缓慢失去。现在我们不难理解，体积只有地球15%的火星，散热过快的现象是无法避免的。仅靠极度微弱且分布不均匀的磁场，是无法起到保护地球免受太阳风及宇宙高能粒子照射影响的作用。

受大气剥离、气压降低的影响，你的表面看上去似乎也不会有存在液态水的可能……

加油！地底下或许有……

昼夜温差大，空气非常稀薄，磁场极弱，太阳和宇宙的辐射很强，表面没有液态水……人类竟然会以为拥有如此环境的火星上面会有生物……是的，因为浩瀚无垠的宇宙中只存在人类这样的智慧生命，本身就足够不可思议。

一个小小的地球上有着亿万种不同的生命体，而宇宙中生命形态的复杂程度，可能远远超出人类的想象。人类的电影艺术展示了对未知领域的最高幻想，而真实情况又是怎样的呢？

哈哈哈！
地球人，你们的末日到了！

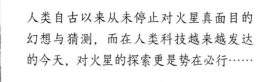

人类自古以来从未停止对火星真面目的幻想与猜测，而在人类科技越来越发达的今天，对火星的探索更是势在必行……

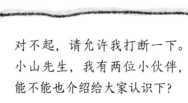

对不起，请允许我打断一下。小山先生，我有两位小伙伴，能不能也介绍给大家认识下？

在太阳系中，只有金星和水星最孤独，没有任何卫星相伴，其他的行星都有自己的卫星。因为金星和水星离太阳的距离太近了，受复杂的引力摄动影响，很难保有卫星。

其他行星中，卫星最少的是地球，只有月球一颗卫星。卫星最多的行星是木星，目前已知它的卫星总数超过七十颗……

由于火卫一与火卫二离火星较近，从火星表面上很容易看到它们从太阳前飞过，可它们实在太小了，小到无法完全遮住阳光，因而形成了"凌日"现象。

这与我在地球上看"日全食"完全不一样。

"凌日"现象

"日全食"现象

小山贴士 　　　洛希极限是卫星自身的重力与另一颗行星对该卫星产生的潮汐力相等时，这两个天体的距离。当卫星和行星的距离小于洛希极限时，卫星就有可能解体。洛希极限主要与行星半径和两个天体的密度比有关。

科学家预测，火卫一在未来会越来越靠近火星，在大约 760 万年后将突破"洛希极限"而面临解体。火卫二由于其轨道比火卫一远离火星，受太阳系内其他行星的摄动影响，有逐渐继续远离火星的趋势，说不定未来有一天会彻底离开火星轨道呢！

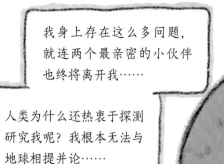

我身上存在这么多问题，就连两个最亲密的小伙伴也终将离开我……

人类为什么还热衷于探测研究我呢？我根本无法与地球相提并论……

这就是人类的探索精神吧……

我相信他们所付出的努力是值得的。

探测火星的重要意义：

1. 寻找地外生命。
2. 认识生命产生的机制和生存条件。
3. 了解火星的古老演化历史。
4. 把火星乃至其他星体与地球的演化历史做对比，建立比较行星学的科学认识。

率先启动火星探测的国家是苏联。1960年，苏联秘密发射了两个火星探测器，可惜没能飞出地球就以失败告终。

在随后的几十年间，苏联陆续发射了二十多个探测器，没有一次完全成功，最成功的一次仅仅着陆十几秒而已，收获甚微。

我们现在就去认识一下火星探测行动中的"主角"们吧！看看它们有什么发现。

水手 4 号

发射日期：1964 年 11 月 28 日

发射国家：美国

任务类型：探测器

"水手 4 号"是人类历史上第一个成功飞越火星并完成任务的太空探测器。它高约 3 米，拥有 4 个太阳能帆板，展开后宽度近 7 米。它的任务是飞掠火星，近距离观测火星并将结果传回地球。

我能探测磁场、宇宙射线、高能粒子、太空尘埃等。同时身上配备了相机，可以通过简单的摄像机记录图像并转换为数字信号，数字信号经过压缩后传输到地球。

执行任务期间，我为人类拍下了 22 张火星的近距离照片，这是人类首次在较近距离见到火星的面貌。

受当时的航天技术水平影响，"水手4号"探测器无法变轨并环绕火星，只能利用擦肩而过的机会在一定距离观测火星。

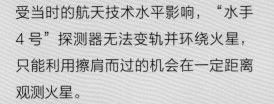

将拍摄的照片发回地球后，"水手4号"就滑向了深空，但它并没有就此销声匿迹，而是继续发挥其功能作用，在随后的3年中，它在太空中收集各种关于太阳风的数据并发回地球，对人类研究太阳起到了重要的推动作用。

1967年12月，"水手4号"遭到近百次的微流星撞击，最终在12月21日失去联络。

"水手 4 号" 传回地球的照片显示，火星地表一片荒凉，且有很多撞击坑。将所有照片拼合在一起后能看到火星表面 1% 的范围。

水手 9 号

发射日期：1971 年 5 月 30 日

发射地：美国

任务类型：探测器

"水手 4 号"的成功使人类对火星的探知欲更加高涨。"水手 9 号"紧随其后向火星进发，成为了人类航天史上首个环绕火星的探测器，也是人类第一个可以环绕其他行星的探测器。

大家好，我是水手 9 号。

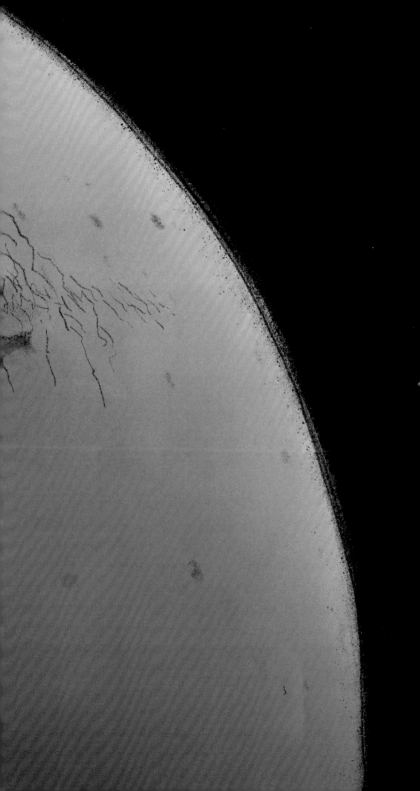

水手号峡谷

     通过"水手9号"，地球人发现了太阳系所有类地行星中最长、最大的连续峡谷群,为了纪念发现者,于是将其取名为"水手号峡谷"。峡谷的长度超过4000千米,宽约200千米,深达8千米,从太空望去清晰可见。

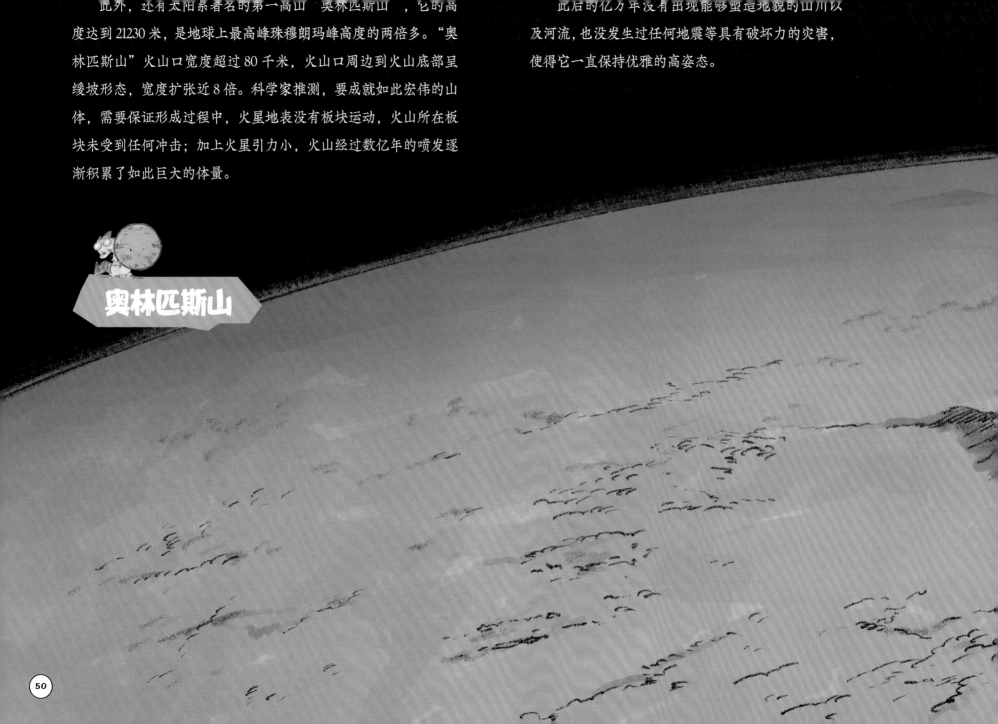

此外，还有太阳系著名的第一高山——奥林匹斯山，它的高度达到21230米，是地球上最高峰珠穆朗玛峰高度的两倍多。"奥林匹斯山"火山口宽度超过80千米，火山口周边到火山底部呈缓坡形态，宽度扩张近8倍。科学家推测，要成就如此宏伟的山体，需要保证形成过程中，火星地表没有板块运动，火山所在板块未受到任何冲击；加上火星引力小，火山经过数亿年的喷发逐渐积累了如此巨大的体量。

此后的亿万年没有出现能够塑造地貌的山川以及河流，也没发生过任何地震等具有破坏力的灾害，使得它一直保持优雅的高姿态。

奥林匹斯山

维京号

"维京1号"和"维京2号"于1976年6月19日和8月7日先后抵达火星大椭圆形轨道。它们两个身上都装备了总质量达3.5吨的轨道器和着陆器，还有很多科学仪器。

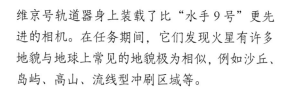

维京号轨道器身上装载了比"水手 9 号"更先进的相机。在任务期间，它们发现火星有许多地貌与地球上常见的地貌极为相似，例如沙丘、岛屿、高山、流线型冲刷区域等。

人类科学家通过观测结果推断，在火星的远古历史时期，曾经存在过海洋和湖泊。

由于维京号着陆器所搭载的电池通过核能发电，能够持续稳定地为着陆器提供能量，以至于它们实际工作的时间比原计划要长。

"维京1号"着陆器的任务时长超出了原计划6年才"退役"，而最终导致着陆器断电关机的原因还是人类的一次误操作……

没信号了？

人类就这样把我弄丢在这里了……

"维京号"着陆器虽然能采集火星地面的微观细节，但它也只是站立在某处。就算能够移动的火星车也是步步惊心，在充满未知的环境中，稍有不慎，一个小磕绊就可能造成任务终结，风险较高。

对科学家而言，最理想的探测行动，莫过于载人登陆火星。有人甚至提出建造一批太空飞船，组成舰队，浩浩荡荡开往火星……

我要造出威力无比的火箭！我还要制造出超级宇宙大飞船！

我要征服火星！我要带领人类向火星迁徙！

我还要征服银河系！我们要做全宇宙的主人！

虽然人类有过成功登上月球的经验，但代价极其昂贵，可不是想做就能轻易做到的。月球有很重要的研究价值和丰富的未来能源储备，例如月球风化层含有大量氦-3，可作为核电燃料。尽管如此，一片贫瘠的月球并不适宜人类居住。

那么，你是否会成为下一个月球呢？科学家们显然不会这么轻易就下结论。

随着科技越来越发达，人类探索地球外世界的欲望就愈发强烈。

人类对你成为他们的第二个家园仍然充满信心……

火星全球勘探者号

发射日期：1996 年 11 月 7 日

发射国家：美国

任务类型：环绕探测器

嗨，我是"火星全球勘探者号"。

"火星全球勘探者号"发射后经过 300 天飞行抵达火星，在进入超大椭圆形火星轨道后，为了达到更接近火星的圆形轨道，采取了"空气刹车"方式改变轨道。整个刹车过程持续了两年多，最终"火星全球勘探者号"成功运行在离火星地面 378 千米的圆形轨道上。

所谓"空气刹车"，就是探测器利用火星稀薄的大气摩擦产生的阻力来制动，逐渐把轨道修圆。这个方法可以降低推进器对燃料的消耗，但是如果不能准确控制轨道，探测器就会被大气彻底破坏。

其实"火星全球勘探者号"并不是万无一失地完成"空气刹车"。它的两个巨大的太阳能电池板在变轨的过程中被吹弯了，甚至有一面因出现故障而失效。所幸并没有对轨道器的工作造成严重的影响。

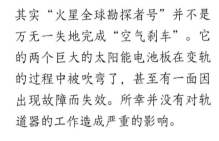

"火星全球勘探者号"在服役期间除了为科学家提供进一步的火星地表数据外，还为美国陆续发射的一系列其他探测器提供帮助，包括确定姿态、着陆地点，监视它们的工作状态等。

欢迎来到火星，请往这边走。

在"火星全球勘探者号"十年的任务生涯中，它拍摄了火星的清晰全貌，并且绘制了火星全球地图。

旅行者号

发射日期：1996 年 12 月 4 日

发射地：美国

任务类型：火星车

人类为了对火星进行更加复杂深入的地面考察工作，制造了高性能的火星车。

在"火星探路者号"的携带下，人类第一辆火星车"旅行者号"来到了火星。

加油，孩子……

此次探测行动的投入相比以往的任何一次都要低，探测器主要是为了释放火星车，因此并没装备复杂的仪器。

小小的"旅行者号"火星车离开了"火星探路者号"后，在半径约 100 米的区域内展开探测工作。

在它身上除了摄像设备外，还装载了地表检测仪，可以检测岩石的基本成分。

作为人类的第一辆火星车，"旅行者号"不负众望，它发现火星土壤中所含的元素与地球土壤大部分一致，并且发现岩石呈现出明显的火山爆发后融化重塑的痕迹，说明火星上曾发生过复杂的地质运动。

"旅行者号"还探测到氧化铁广泛存在于火星的沙尘中，岩石有明显被火星大气风化的痕迹等。

人类探知了关于火星地表的基本情况后，当然也必须了解火星的气候。于是在 1998 年 12 月 11 日 "火星气候探测器" 出发了。

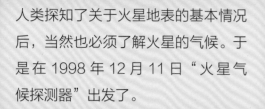

它的主要任务就是研究火星大气和气候，以及全面探测火星的水资源情况。

令人遗憾的是，1999 年 9 月 23 日，"火星气候探测器" 抵达火星时同样采取 "空气刹车" 变轨，在调整轨道的过程中，由于人类工程师犯了低级的操作错误，致使任务失败……

哎呀！糟糕！我失控啦！

美国随后又发射了"火星极地着陆器",结果该着陆器由于设计缺陷致使着陆失败,坠毁在火星表面。

同时期包括俄罗斯的"火星96号"、日本的"希望号"等多个国家的探测行动都接连遭受惨烈的失败。

奥德赛号

发射日期：2001 年 4 月 7 日

发射国家：美国

任务类型：环绕探测器

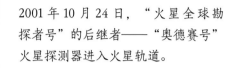

2001 年 10 月 24 日，"火星全球勘探者号"的后继者——"奥德赛号"火星探测器进入火星轨道。

我的功能装载很简单，只有热辐射成像系统和火星环境辐射探测仪等设备，还有各种通信器。

除了分析火星地面的基本情况外，我还有个重要的任务，就是为着陆器与火星车提供中继服务，成为火星上的一个信号基站。

之后到来的"勇气号""机遇号""好奇号"等火星车超过 80% 的数据都是由我"奥德赛号"帮助传回地球的！

65

火星快车号

发射日期：2003 年 6 月 2 日

发射机构：欧洲空间局

任务类型：环绕探测器

2003 年 6 月的发射窗口期，是 6 万年来难得的一次大好时机。因为几个月后，便是地球与火星交汇距离最近的时候，探测器只需要约半年的时间即可抵达火星，简直如同快车一般。欧洲空间局紧紧把握住了这个机会，发射了"火星快车号"。

此外，我还发现在火星南极极冠下 1.5 千米处可能存在地下湖泊。科学家由此推测，火星上有存在生命的可能。

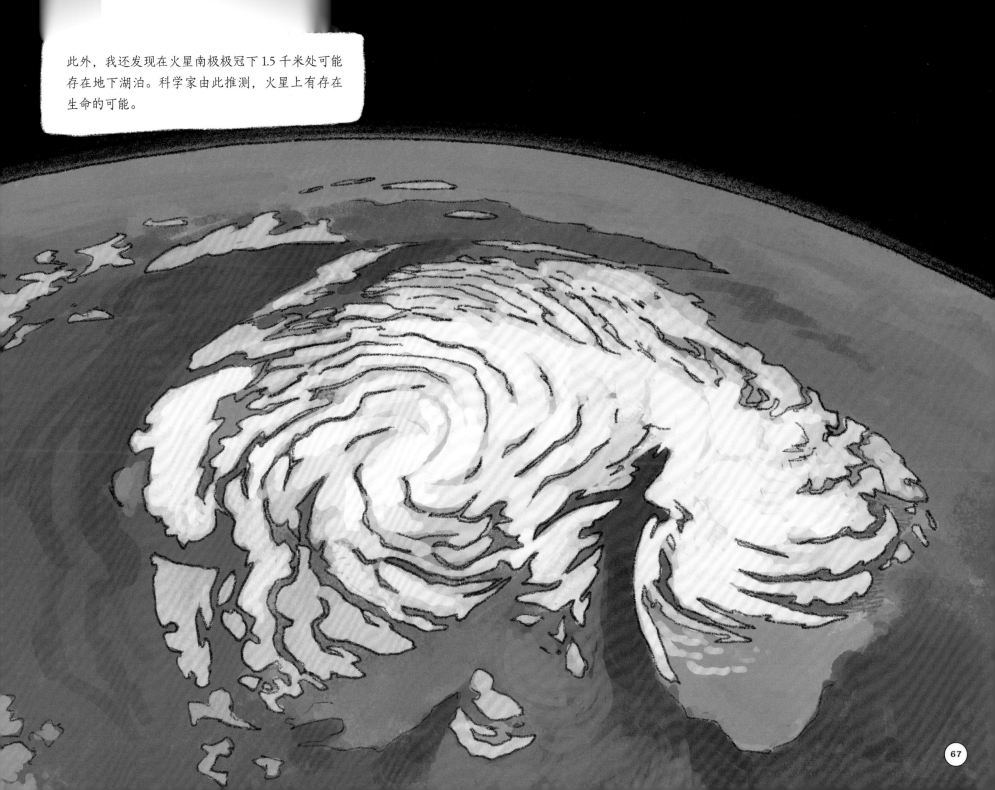

火星勘测轨道飞行器

发射日期：2005 年 8 月 12 日

发射国家：美国

任务类型：环绕探测器

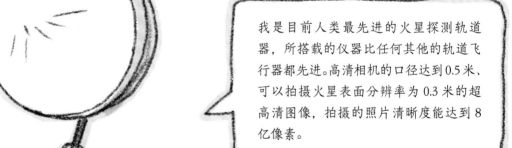

我是目前人类最先进的火星探测轨道器，所搭载的仪器比任何其他的轨道飞行器都先进。高清相机的口径达到0.5米、可以拍摄火星表面分辨率为0.3米的超高清图像，拍摄的照片清晰度能达到8亿像素。

火星大气专家号

火星表面的峡谷、盐矿、冰盖等都是稠密大气存在过的证据。想了解为什么火星大气会演变成如今糟糕的地步，就必须做全面而细致的研究。

"火星气候探测器"失败后，人类又制造了"火星大气专家号"继续探测。

我就是"火星大气专家号"，我身上装载了电子分析仪、离子分析仪、热离子分析仪、高能粒子分析仪、紫外线光谱仪、中性气体探测仪等先进设备，可以从各个维度掌握火星大气与太阳风相互影响的数据。

遗憾的是，我没能给出令人振奋的探测结果。早在 37 亿年前，火星可能有类似地球一样的大气环境，不幸的是随后地核开始冷却，磁场逐渐变弱，使大气无法抵御太阳风和宇宙射线的冲击……

在过去几十亿年里，大气中的二氧化碳等主要成分逐渐流失，并且现在还在持续，将来甚至会加速流失。如此下去，火星迟早会变成一个完全没有大气的星球。

人类几乎没有改造火星大气的能力，除非他们愿意在火星地下建设家园……

人类可不是地下物种……虽然研究结果不那么喜人，但他们仍没放弃研究，或许他们坚信未来的科技可以实现他们对火星的改造。

你的意思是……像蟑螂一样？

谁在喊我？

地球人要为将来在火星建设地面基地做准备，所以火星地面的情况才是他们迫切关心的。

自从"旅行者号"火星车获得成功，他们的信心又增加了不少。

但是……"旅行者号"实在太小，这个小家伙所装载的仪器很简单，仅仅工作几十天就"退役"了。

所以就有更先进、更多功能的火星车"勇气号"和"机遇号"诞生。

嗨！我是"勇气号"。

我是"机遇号"。我们是长得一模一样的"双胞胎"。

"勇气号"和"机遇号"有只伸缩"手臂",上面有高度集成化的科研仪器,包括阿尔法粒子X射线光谱仪、显微成像仪等,能够详细解读火星土壤和岩石中的化学成分。

"手臂"前端有"钻头",在岩石上钻个人类手指大小的孔洞通常要耗费好几个小时。

我详细研究了火星上的岩石,发现其表面覆盖多层不同的物质结构。

在一个远古湖泊的底部,我发现了包括赤铁矿水合物在内的含水矿物质。

还观测到了水流淌过的痕迹……

种种数据表明，火星在远古时期的环境温暖且潮湿。但那时候火星上的海洋和湖泊并不像地球上的水体那样温和，绝大部分呈强酸性。

不好！

"勇气号"在2009年的某一天陷进了软土坑中无法移动，但它依然在坑里继续工作，直到两年后彻底失联，结束了它长达2269天的工作，长眠于火星上。

"机遇号"持续工作到2018年，在一场沙尘暴中失去了动力，也无奈退役。

"勇气号"和"机遇号"虽然都是无奈结束任务，但是超长的服役时间已经使它们成为了迄今为止最优秀的两辆火星车。

凤凰号

发射日期：2007 年 8 月 4 日

发射国家：美国

任务类型：着陆器

"凤凰号"在 2008 年 5 月 25 日成功在火星北极着陆。它的任务是对火星的极地环境进行探测，搜索适合火星上微生物生存的环境，并研究火星水资源。

我与火星车不同，只是一个不能移动的着陆器。除了相机、科学仪器和通信设备外，我装备了更加先进的机械臂……

可以挖开深 0.5 米的坚硬冻土层。

"凤凰号"的工作证实了火星南北极的极盖中存在水冰和干冰，两极冻土地带也有可能含有巨量的水冰和干冰。

好奇号

发射日期：2011 年 11 月 26 日

发射国家：美国

质量：900 千克

任务类型：火星探测器

我是人类火星探测史上造价最昂贵的火星车！

"好奇号"采用空中吊车技术降落在火星上。

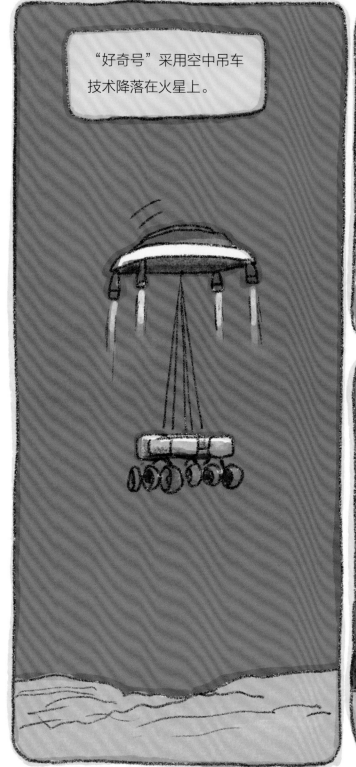

相比"勇气号"，我的体积大两倍，质量重五倍，装载了更多设备，跨越障碍的能力也更强。

不过……运动速度却没有什么提升……

着陆地点是火星上一个直径 154 千米的撞击坑——盖尔撞击坑，这个撞击坑存在了至少 35 亿年。之所以选择在此着陆，是因为人类科学家认为这里或许保有火星原始的地貌遗迹。

嗨，我在这里！

头顶上的"激光诱导击穿器"可以将岩石完全气化成等离子体，远程显微镜可以实现红外线到紫外线之间 6000 多个不同波长的全面化学分析。

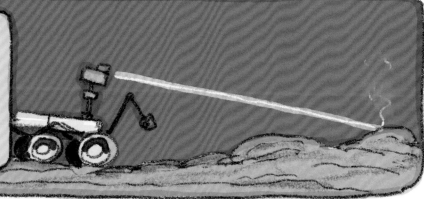

"好奇号"搭载的仪器可以算是当时航天技术的高度集合。它至今仍在火星上辛勤地工作着，人类对它的发现抱以无比强烈的期待。

"好奇号"不仅可以精细分析火星岩石和土壤样本，还有气象站功能，可以获取火星气候和空气等方面的数据情况。

人类科学家根据目前所掌握的情况推断出，火星很难支持复杂的生命体存在，这与人类想象中拥有高度文明的火星相距甚远。

为了更进一步了解火星的地下世界，人类发射了"洞察号"。

洞察号

发射日期：2018 年 5 月 5 日

发射地：美国

质量：358 千克

与"洞察号"随行的还有一对微型卫星，名字分别是"瓦力"和"伊娃"。

我叫瓦力。

我叫伊娃。

两颗微型卫星的体积都非常小，无法进入环绕火星轨道，只能像"水手 4 号"一样飞掠火星。它们的作用是记录"洞察号"的整个降落过程并作为中继信号站向人类"现场转播"。

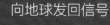
向地球发回信号

洞察号

降落地点

天问一号

发射日期：2020 年 7 月 23 日

发射国家：中国

航天器类型：轨道器、着陆器、火星车

"天问一号"是我的祖国中国首次自主发射的火星探测器，是中国行星探测工程下的火星探测计划的一部分。此次任务的成功，使中国成为继美国后地球上第二个在火星部署火星车的国家。

你好，火星！

你好，"天问一号"！

2021 年 2 月 10 日，"天问一号"轨道器顺利进入环绕火星轨道。然后开始了持续三个月的火星地面探测，并确认着陆地点。

2021年5月15日，携带"祝融号"火星车的着陆器与轨道器正式分离。

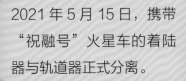

加油，小祝！

火星，我来啦！

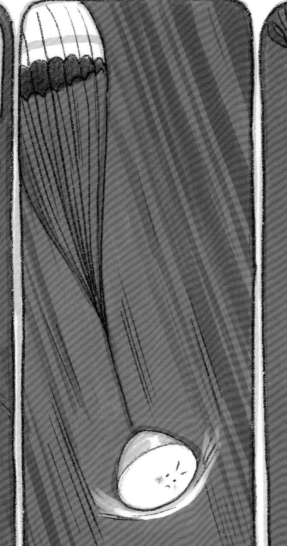

采用降落伞和反推火箭方式，"祝融号"成功着陆于火星乌托邦平原南部。

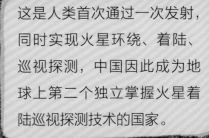

这是人类首次通过一次发射，同时实现火星环绕、着陆、巡视探测，中国因此成为地球上第二个独立掌握火星着陆巡视探测技术的国家。

你好，我是"祝融号"火星车，你可以叫我"小祝"！

"天问一号"的火星探测任务非常复杂，除了要负责信号中继外，轨道器还装载了不同分辨率的相机，用来拍摄火星全图。

此外还装备有矿物探测仪、磁强计、离子与中性粒子分析仪、次表层探测雷达等先进仪器，用以进行火星磁场、地表元素研究等工作。

"祝融号"火星车配有小型气象台、相机、通信器，底部装有地表穿透雷达，用以研究火星深层土壤。

"天问一号"作为中国首个火星探测器，它的一举一动都在万众瞩目之中，让我们拭目以待它的成果吧！

火星与它的朋友们

自 20 世纪 60 年代以来，人类发起了四十多次火星探测行动，前赴后继的很多"主角"探测器在本书中未能逐一介绍。尽管在这些探测器中，最终成功执行任务的不足一半，但大量的挫折与失败从来没有动摇过人类探测火星的决心与信心。

谨以此书向这些"主角"幕后的缔造者们致敬。

火星纪年

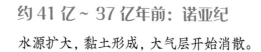

约 45 亿 ~ 41 亿年前：前诺亚纪
地壳形成，水出现，大气稠密。

约 41 亿 ~ 37 亿年前：诺亚纪
水源扩大，黏土形成，大气层开始消散。

约 37 亿 ~ 30 亿年前：赫斯帕利亚纪
火山爆发密集，地表水酸化、流失。大气层消散扩大。

约 30 亿年前~至今：亚马孙纪

环境变得干燥寒冷，气压变低，水资源冻结、蒸发。地表形成大量氧化铁物质。火山活动大大减弱。

亚马孙纪：

仅部分火山活跃，整体开始冷却。

赫斯帕利亚纪：

太阳系最大的火山"奥林匹斯山"形成。

也许，数年后……